Die Fotografin arbeitet in folgenden Nationalparks und Reservaten:

KENIA
Masai Mara National Reserve
Amboseli National Park
Tsavo National Park
Samburu National Park
Aberdare National Park
Meru National Reserve

TANZANIA
Serengeti National Park
Tarangire National Park
Ngorongoro Conservation Area
Manyara National Park
Selous Game Reserve
Ruaha National Park
Mikumi National Park
Arusha National Park
Kilimanjaro National Park

ZIMBABWE
Matusadona National Park
Mana Pools National Park
Hwange National Park

BOTSWANA
Chobe National Park
Moremi Wildlife Reserve
Central Kalahari Game Reserve

NAMIBIA
Etosha National Park
Skeleton Coast National Park
Namib Naukluft Park

SÜDAFRIKA
Kruger National Park
Pilanesberg Game Reserve

Foto: Peter Eggensberger

Gabriela Staebler ist eine der besten, international anerkannten Naturfotografinnen. Sie erlernte das Know-how der Wildlife-Fotografie autodidaktisch und arbeitet seit 1989 freiberuflich als Fotografin und Autorin für Zeitschriften-, Buch- und Kalenderverlage im In- und Ausland. Selbst das renommierte Magazin National Geographic verwendet Bildmaterial von Gabriela Staebler.

Darüber hinaus präsentiert sie ihre Arbeiten regelmäßig im Rahmen von Ausstellungen, Vorträgen, Fernseh- und Radiosendungen, Lesungen und Foto-Workshops. Ihr Spezialgebiet ist die Natur- und die Tierwelt Afrikas. Viele ihrer Bilder gewannen Preise bei internationalen Fotowettbewerben.

Von Gabriela Staebler sind bislang sieben Jugend-Sachbücher erschienen. „Zurück nach Afrika" ist ihr erster exklusiver Fotobildband über afrikanische Wildtiere.

Mehrmals im Jahr ist die Fotografin für einige Wochen mit Zelt und Geländewagen unterwegs auf Motivsuche in den Naturreservaten und Schutzgebieten Afrikas. Nicht nur der Dokumentation wilder Tiere in faszinierenden Bildern, sondern auch Verhaltensstudien von Tieren in ihrer natürlichen Umwelt gilt das Hauptinteresse.

Jedes Bild ist eine naturgetreue und genaue Wiedergabe des Tierverhaltens in freier Wildbahn. Kein Tier wurde während der fotografischen Arbeit in seiner Verhaltensweise beeinflusst oder gar gestört. Bei den Fotografien in diesem Werk handelt es sich um Originalaufnahmen, die nicht digital verändert wurden.

„Es ist Gabriela Staebler mit diesem Buch gelungen, nicht nur die Schönheit Afrikas und seiner tierischen Bewohner darzustellen, sondern auch die Magie zu vermitteln, die die berühmten Tierfilmer Vater und Sohn Grzimek empfunden haben, als sie in der Serengeti unterwegs waren."
Dr. Markus Borner, Zoologische Gesellschaft Frankfurt

Gewidmet meinem Vater und Peter

Gabriela Staebler

ZURÜCK NACH AFRIKA

Magische Momentaufnahmen aus dem Reich der wilden Tiere

EDITION REUSS

Geleitwort

Es ist Gabriela Staebler mit diesem Buch gelungen, nicht nur die Schönheit Afrikas und seiner tierischen Bewohner darzustellen, sondern auch die Magie zu vermitteln, welche schon die berühmten Tierfilmer Vater und Sohn Grzimek empfunden haben, als sie in der Serengeti unterwegs waren. Der Zauber dieses Ortes war so stark, dass sie beschlossen, alles dafür zu tun, den Fortbestand der einzigartigen Fauna der Serengeti als lebendiges Erbe der Menschheit zu sichern.

Heute ziehen mehr Gnus durch das Serengeti-Mara-Ökosystem, als es die Grzimeks jemals erahnen konnten: zwei Millionen Tiere auf unendlicher Wanderung über weite, in afrikanisches Licht getauchte Ebenen. Die Bilder in diesem Buch machen deutlich, dass die Serengeti lebt – ein dynamisches Ökosystem, genährt und geprägt vom Zug der Gnus. Ehrfurcht und Staunen erfasst uns, wenn wir auf das gigantische Naturschauspiel blicken, aber auch die Sorge um das Überleben dieses animalischen Urstroms in archaischer Landschaft inmitten einer übervölkerten Welt.

Die Serengeti kann nur weiter bestehen, wenn die Menschen, die in der Umgebung des Parks leben, stolz auf ihr Naturerbe sind und auch ökonomisch von der Existenz des Parks profitieren. Die Serengeti als Weltnaturerbe gehört uns allen. Und wir alle können etwas für ihre Erhaltung tun.

Seit den 1950er Jahren bemühte sich Bernhard Grzimek auf unterschiedliche Weise darum, in Europa ein Bewusstsein für den Schutz des Serengeti-Mara-Ökosystems zu schaffen. Er erkannte damals, dass rasch gehandelt werden muss, und nutzte die Sprache der Bilder, um sein Anliegen vorzutragen – und er wurde zum unermüdlichen Fürsprecher einer vom Untergang bedrohten, unersetzlichen Lebenswelt.

Die Zoologische Gesellschaft Frankfurt unterstützt seit langem die Arbeit lokaler Behörden in Afrika, die Serengeti und andere Schutzgebiete auch für zukünftige Generationen zu erhalten. Fast ein Viertel der Landfläche von Tanzania steht unter Naturschutz. Solche riesigen Gebiete können nur durch Einkünfte von Besuchern und durch finanzielle Unterstützung aus den Industrienationen als natürliche Ökosysteme überleben.

Naturschutz geht uns alle an. Ob wir unsere eigenen Kräfte vor Ort einsetzen oder finanzielle Mittel aus der Ferne zur Verfügung stellen, spielt keine Rolle. Dieses Buch zeigt, dass das Ergebnis zählt – ein Buch, das überzeugt. Ich hoffe sehr, dass Gabriela Staeblers faszinierende Momentaufnahmen der wilden Tiere Afrikas viele Menschen begeistern werden und dazu anregen können, einen individuellen Beitrag zum Naturschutz zu leisten. Die Forderung Grzimeks „Serengeti darf nicht sterben" sollte unsere eigene Vision werden.

Dr. Markus Borner
Afrika-Programm
Zoologische Gesellschaft Frankfurt

Vorwort

„Hier bin ich, wo ich sein sollte." Tania Blixen

Immer liebte ich es, „draußen" zu sein, zu beobachten, zu erforschen, zu erkunden, zu begreifen. In Afrika entdeckte ich meine Idealvorstellung von „Natur" in der wirklichen Welt – eine Welt, die den Menschen nicht nur mit wilden Tieren, sondern auch mit den eigenen Instinkten konfrontiert. Leidenschaft für die Naturfotografie, vielleicht auch ahnungsvolle Sehnsucht zieht mich seit vielen Jahren immer wieder zu jenem Kontinent hin, der als die Wiege der Menschheit gilt. Dort tauche ich in magische Seelenlandschaften ein und erliege ihrem Zauber. In den Reservaten und Schutzgebieten von Kenia,Tanzania, Namibia, Zimbabwe, Botswana und Südafrika suchte und fand ich die Quintessenz afrikanischer Wildnis. Afrika ist zu meiner zweiten Heimat geworden.

Wenn ich in Afrika fotografiere, folge ich auch dem archaischen Trieb der Jagd. Meine Beute sind die Bilder. Und diese Jagd ist dann erfolgreich, wenn Bilder entstehen, die ursprüngliches Verhalten dokumentieren, Stimmungen oder flüchtige Momente festhalten und den Betrachter mitten ins Herz treffen.

Um meine fotografischen Ideen verwirklichen und meine Kreativität ausleben zu können, brauche ich Harmonie und Stille. Deshalb bin ich entweder allein oder zusammen mit meinem Lebensgefährten unterwegs. Meist verzichte ich auf die Annehmlichkeiten einer Safari-Lodge und zelte lieber in der Wildnis. Für fehlenden Komfort werde ich reichlich entschädigt: Im Mondlicht ziehen Elefantenherden vorüber. Ein Flusspferd grast nachts in der Nähe meines Zeltes. Wunderbare, nur von Tierlauten unterbrochene Stille umgibt mich. Eindrücke voller Emotion, die sich in meinen Bildern wiederfindet.

Wilde Tiere zu fotografieren, ohne fundierte Kenntnisse über ihr Verhalten zu haben, wäre unprofessionell und belanglos. Wesentlicher Bestandteil meiner Arbeit ist daher die sorgfältige wissenschaftliche Vorbereitung. Zoologisches Wissen und eine Portion gesunder Menschenverstand schützen mich davor, in gefährliche Situationen zu geraten. Es ist ein Privileg, in Afrikas Wildnis fotografieren zu dürfen, und ich weiß dies sehr zu schätzen. Die ungeschriebenen Gesetze der Wildnis und die Verhaltensregeln des jeweiligen Nationalparks müssen unbedingt respektiert werden.

Für die Wildlife-Fotografie in Afrika benötigt man eine spezielle technische Ausrüstung. Meist fotografiere ich aus einem Geländewagen heraus mit Hilfe eines stabilen Stativs, das unter der Dachluke montiert wird. Für bodennahe Perspektiven benutze ich mein Fensterstativ, eine solide Stahlplatte mit aufliegendem Bohnensack. Da die Kameraobjektive eine sehr große Reichweite besitzen, kann ich weit genug von den Tieren entfernt bleiben und ihr natürliches Verhalten ohne zu stören beobachten.

Die Stimmen der Nacht legen häufig fest, wie mein Arbeitstag verlaufen wird: Die Geräuschkulisse um Beute streitender Löwen und Hyänen verrät mir lange vor

Sonnenaufgang, in welche Richtung ich nach Tagesanbruch fahren muss, um die Raubtiere mit großer Wahrscheinlichkeit zu finden. Die Jagd nach den Bildern beginnt in der Regel eine Stunde vor Sonnenaufgang. Im frühen Tageslicht kann ich die besten Situationen einfangen. Licht hat in Afrika eine besondere Qualität. Es ist wärmer und intensiver als in unseren nördlichen Breiten. Ich nutze diese Lichtverhältnisse bevorzugt zwei Stunden nach Sonnenaufgang sowie zwei Stunden vor Sonnenuntergang. Während der Dämmerung vollzieht sich am Himmel oft ein grandioses Farbenspiel in Rot oder Purpur. Tagsüber gibt es für den Fotografen wenig zu tun – es sei denn, dramatische Aktionen kündigen sich an: Kämpfende Elefantenbullen, jagende Geparde oder angriffslustige Löwen lasse ich zu keiner Tageszeit aus. Bei aufziehenden Gewittern, Sandstürmen oder Buschfeuern verändern sich die Lichtverhältnisse, und einzigartige Stimmungsbilder afrikanischer Landschaft können entstehen. Meine Lieblingsmotive sind jedoch Raubkatzen und alle Jungtiere.

Hauptbeschäftigung des Wildlife-Fotografen ist nicht das Fotografieren, sondern das Warten auf den richtigen Augenblick. Meist verbringe ich den Tag beobachtend in meinem mobilen Ansitz, dem Geländewagen. Das ist zwar unbequem, aber niemals langweilig. Ich genieße es sehr, einfach still dazusitzen und meine Umgebung zu beobachten: Habe ich morgens einen Leoparden auf einer Akazie entdeckt, wird er wahrscheinlich den ganzen Tag dort verschlafen. Ich mache mich dann auf viele heiße Stunden geduldigen Abwartens gefasst, harre hartnäckig aus. Wegfahren und später wiederkommen ist ein viel zu großes Risiko, den entscheidenden Moment zu verpassen. „Erwarte immer das Unerwartete" ist mein Leitspruch, der sich in vielen Situationen bewährt hat. Der Fotograf muss akzeptieren, dass es für das besondere, das einmalige und außergewöhnliche Bild nur eine einzige Chance gibt – kein zweites Mal.

Unerschütterliche Geduld und schnelle Reaktion sind die wichtigsten Eigenschaften des Naturfotografen. Selbstvertrauen, Instinkt und gründliche Vorbereitung schaffen darüber hinaus die besten Voraussetzungen für ein gelungenes Bild. Häufig werfen auch die kommenden Ereignisse ihre Schatten voraus: Als ich in der Nähe eines Leoparden, der im Buschwerk unter einem Baum ruhte, auf der Lauer lag, hörte ich plötzlich den schrillen Schrei eines Klippschliefers. Dieses Warngeräusch bedeutete, dass Gefahr im Verzug war. Tatsächlich streiften Löwen in die Richtung „meines" Leoparden. Ich fragte mich, ob es für die gefleckte Raubkatze schon zu spät war, sich in Sicherheit zu bringen, und hoffte, dass das Tier höher hinauf klettern würde. Der rettende Weg führte über einen dicken, schattenfreien Ast. Ich brachte mein Fahrzeug in die optimale Beobachtungsposition. Das Licht stimmte, der Hintergrund war makellos, und ich war bereit, meine Beute mit der Kamera einzufangen. Endlich erhob sich der Leopard und stieg gähnend höher. Die Zeit reichte, um einige Aufnahmen zu machen – eine davon wurde bei einem Wettbewerb ausgezeichnet.

Ortskenntnis und Wissen über die Lebensgewohnheiten und Verhaltensweisen der Tiere erspart planloses Herumfahren: Hyänen- oder Schakaljunge können nur am frühen Morgen beobachtet werden oder am späten Abend, wenn sie in der Nähe ihres Baus spielen. Elefanten sind oft mittags beim Trinken und Baden an einer bestimmten Stelle am Fluss zu finden. Und über den ganzen Tag verteilt besuchen verschiedene Grasfresser und Vögel, gelegentlich auch Raubtiere die Wasserlöcher. Zum richtigen Zeitpunkt am richtigen Ort zu sein, entscheidet über den Ertrag der fotografischen Arbeit. Auch eine Portion Glück gehört dazu, doch die Praxis lehrt: Je mehr Zeit und Geduld investiert wird, desto mehr „Glück“ ist zu erwarten.

Viele Jahre Erfahrung mit Wildlife-Fotografie machen nicht nur wählerisch in Bezug auf die Motive, sondern schulen auch das Auge für die Wahrnehmung des Besonderen und Außergewöhnlichen. Im Augenblick des Fotografierens tauche ich in eine andere Dimension ein. Ich verliere jedes Zeitgefühl. Alles um mich herum ist dann wie ausgelöscht. Und ich bin so sehr mit dem Motiv oder dem Geschehen verbunden, dass ich selbst zu einem Teil dieses Geschehens werde. Bilder größter Ausdrucksstärke entstehen häufig in solchen verzauberten Momenten ungestörter Konzentration.

Wildlife- oder Naturfotograf wird oft als Traumberuf bezeichnet. Den Bildern selbst sieht man meist nicht an, unter welchen extremen Bedingungen sie entstanden sind. Mitunter warte ich stundenlang in Staub und Hitze, wehre mich ohne Erfolg gegen Schwärme angriffslustiger Tsetse-Fliegen, ständig droht die Gefahr einer Malaria-Infektion, und ich muss mich mit fragwürdigen hygienischen Verhältnissen abfinden. Auch die psychische Belastung des Fotografen verschwindet meist hinter seinen beeindruckenden Bildern: Angst, zur falschen Zeit am falschen Ort zu sein oder zu spät zu kommen, Enttäuschung darüber, eine Gelegenheit verpasst zu haben, Ärger über technische Fehler oder die Unsicherheit, das richtige Motiv gewählt zu haben. Auch die Launen der Tiere selbst und des Wetters müssen ertragen werden: Die Raubkatze blickt genau dann, wenn ich auf den Auslöser drücke, in die falsche Richtung! Eine Wolke schiebt sich gerade dann vor die Sonne, wenn die Bildkomposition ideal erscheint!

Wie viele andere Frauen, die es wagten, in von Männern dominierte Berufe einzudringen, hatte ich mit vielen Vorurteilen zu kämpfen: „Kann das eine Frau auch? Ganz alleine? Ist das nicht unverantwortlich? Das muss man nicht ernst nehmen!“ Durchhaltevermögen, Selbstbewusstsein und Selbstvertrauen waren nötig, um mich als Frau in der männlichen Welt der Wildlife-Fotografie zu behaupten und durchzusetzen. Die Qualität meiner Bilder und meine Beharrlichkeit trugen dazu bei, dass meine Arbeit heute international anerkannt wird.

„Zurück nach Afrika“ ist die Essenz meiner fotografischen Arbeit der vergangenen sechzehn Jahre und eine Liebeserklärung an den ungezähmten afrikanischen Kontinent. Für mich gibt es keinen schöneren Beruf als den der Wildlife-Fotografin, keinen schöneren Ort, Natur zu erleben, als die Wildnis Afrikas.

Gabriela Staebler

Löwen

Fleckenhyänen

Steppenzebras

Flusspferde

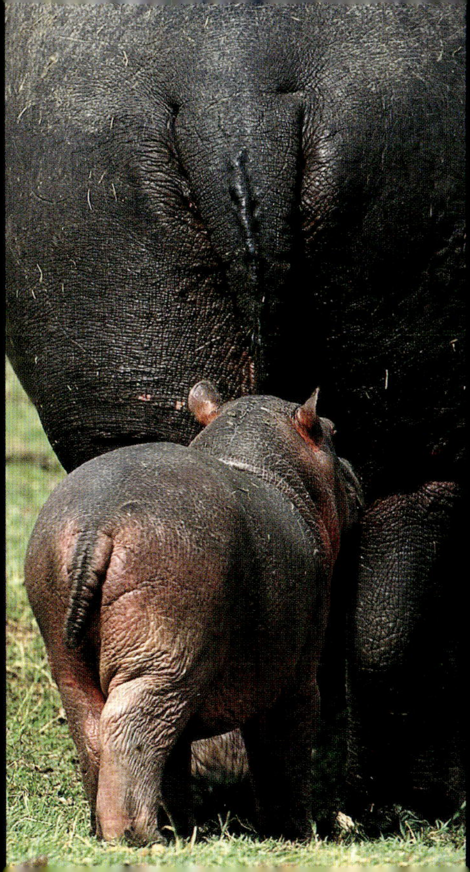

G e p a r d e

Kaffernbüffel

Massai-Giraffen

S c h a b r a c k e n s c h a k a l e

L e o p a r d e n

Weißbartgnus

Breitmaulnashörner

Löwen

E l e f a n t e n

Weitere, wunderschöne Bildbände, erschienen in der Edition Reuss.

„In meinem Bildband präsentiere ich Ihnen Afrikas einmalige Tierwelt. Packende Aufnahmen der großen Tierarten und Raubkatzen, deren Faszination ungebrochen ist. Ich zeige Ihnen aber auch seltene Tiere, die Sie noch nicht gesehen haben und in Staunen versetzen werden. Zum besseren Verständnis gibt es im Anhang Kurzbeschreibungen aller gezeigten Tierarten. Zu einigen ausgewählten Fotos erzähle ich Ihnen ‚die wahre Geschichte zum Bild', spannende, authentische Erlebnisse, die ich im Laufe meiner Jahre als Fotograf in Afrika mitgebracht habe."

Thomas Dressler, Wildlife-Fotograf

144 Seiten, Großformat 30x24 cm
123 faszinierende Farbfotografien
Texte in Deutsch
Edler Hardcover-Einband mit Goldprägung

ES BEGANN IN AFRIKA ISBN 978-3-934020-79-5

Eine echte Liebesgeschichte. Welche Freude, wenn wir nach Hause kommen und in große Augen freudiger Erwartung blicken. Wir pflegen und verwöhnen die vierbeinigen Familienmitglieder mit Hingabe, sorgen für ihr Wohlbehagen und werden mit echter Liebe und Zärtlichkeit belohnt. Ob Rassekatze oder normale Hauskatze, jedes Tier hat seine unverwechselbare, liebenswerte Persönlichkeit, die man nicht missen möchte. Sie trösten uns, sie erheitern uns, wir streicheln sie, spielen mit ihnen.

„In diesen wunderbaren Aufnahmen können alle Katzenfans schwelgen!"
Geliebte Katze

Der Bildband zeigt auf 256 Seiten im großzügigen Querformat (30x24cm) über 236 faszinierende Farbfotografien. Die Texte sind Deutsch und Englisch. Ein hochwertiger, edler Hardcover-Einband mit Goldprägung macht dieses opulente Werk zu einem wahren Schmuckstück.

CATS TO LOVE ISBN 978-3-934020-70-2

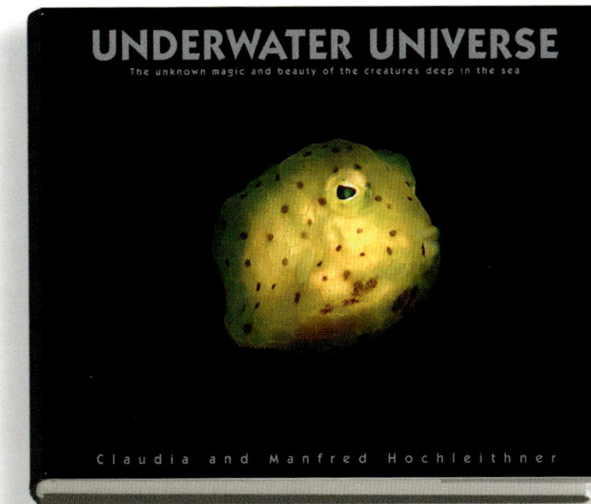

Eine fantastische Reise ins Innere der Erde! Nur wenige Menschen haben den Mut, in diese geheimnisvollen, dunklen Höhlenwelten vorzudringen, ihre „Belohnung" ist die Entdeckung fantastischer Räume und bizarrer Gebilde. Durch die atemberaubenden Aufnahmen haben nun auch wir die Möglichkeit, die Schönheit unserer Erde neu kennenzulernen und mit anderen Augen zu sehen.

„Die Natur als Architektin: Faszinierende Höhlenwelt. Der aufwendig gedruckte Prachtband setzt ganz auf die anschauliche Vermittlung des Erlebnisses: Mit jeder Seite wächst das Staunen über Farben und Formen, die sich aus dem Dunkel herausschälen ..."
Darmstädter Echo

152 Seiten, Großformat 30x24 cm, 144 Farbfotografien
Texte in Deutsch, Englisch, Französisch
Edler Hardcover-Einband mit Schutzumschlag

INSIDE MOTHER EARTH ISBN 978-3-934020-67-2

Ozean der Farben und Formen: Dieses Buch ist eine Weltsensation! Es zeigt uns unbekannte Tiere und Lebensformen des Meeres und seiner Korallenriffe in atemberaubend schönen Unterwasserfotografien. Die Formenvielfalt und Farbenpracht der Lebewesen ist überwältigend. Ein Buch für alle, die sich für Natur, Tiere und Meer interessieren und sich gerne von natürlichen Farben und Formen inspirieren lassen.

„Wer nicht bis zum nächsten Tauchgang warten möchte, sollte sich den großformatigen Band zulegen." Tauchsport

144 Seiten, Großformat 30x24 cm,
144 Farbfotografien
Texte in Deutsch, Englisch, Französisch
Edler Hardcover-Einband mit Schutzumschlag

UNDERWATER UNIVERSE ISBN 978-3-934020-30-6

www.edition-reuss.de

Lithografie und Druck: www.metzgerdruck.de, Obrigheim, Germany

ZURÜCK NACH AFRIKA (aktualisierte, erweiterte Neuauflage) ISBN 3-934020-80-1